水生动物防疫系列宣传图册（三）

——海水鱼类病害防控知识-1

农业农村部渔业渔政管理局
全国水产技术推广总站
农业农村部水产养殖病害防治专家委员会
国家海水鱼产业技术体系
组编

中国农业出版社
北　京

编辑委员会

序

近年来，各级渔业主管部门及水产技术推广、水生动物疫病预防控制、水产科研等机构围绕农业农村部“提质增效，减量增收，绿色发展，富裕渔民”的要求，通力协作，攻坚克难。经过努力，我国水生动物防疫体系已初具规模，水生动物防疫基本力量已初步形成，水生动物疫病监测机制已基本建立，养殖生产者的防病意识逐步增强，水生动物疫病防控能力进一步提高，为确保水产品的有效供给做出了重要贡献。

但是，目前我国水生动物防疫形势仍然不容乐观，全国水产技术推广总站每年监测到的水产养殖疾病近100种，年经济损失数百亿元，大规模疫情虽然没有发生，小规模疫情却连续不断。鲤浮肿病、对虾急性肝胰腺坏死病等新发外来疫病已确认传入我国，而且伴随渔业的对外交往和水产品贸易不断拓展，外来水生动物疫病传入风险还会加大。由于水生动物疫情频发，养殖户为减少损失，滥用渔药及环境改良剂等化学品的行为难以根绝，给水产品质量安全和水生生物安全带来极大隐患。

水生动物防疫工作任重道远，亟须加大宣传力度，宣

传疫病防控相关法律法规，宣传源头防控、绿色防控、精准防控理念以及疫病防控管理和技术服务新模式等，为促进渔业绿色发展、提升渔业质量效益竞争力提供有力保障和支撑。为此，农业农村部渔业渔政管理局和全国水产技术推广总站着眼长远、统筹规划，组织编写了《水生动物防疫系列宣传图册》，以期通过该系列宣传图册将我国水生动物防疫相关法律法规、方针政策以及绿色防控措施、科技成果传播到疫病防控一线，提高从业人员素质，提升全国水生动物疫病防控能力和水平。

该系列宣传图册以我国现行有关水生动物防疫相关法律法规为依据，力求权威性、科学性、准确性、指导性和实用性，以图文并茂、通俗易懂的形式生动地展现给读者。

我相信这套系列宣传图册将会在提升我国水生动物疫病防控水平，推动全国水生动物卫生事业的发展，以及培养水生动物防疫人才方面起到积极作用。

谨此，对系列宣传图册的顺利出版表示衷心的祝贺！

农业农村部渔业渔政管理局局长 张显良

2018年8月

前　言

为宣传我国水生动物防疫工作，普及水生动物防疫相关知识，进一步提升我国水生动物疫病防控水平，促进水产养殖绿色可持续发展，我们组织编写了《水生动物防疫系列宣传图册》。本册主要是针对鲆鲽类、大黄鱼、石斑鱼、卵形鲳鲹4种海水鱼类，介绍典型病害的相关知识，供大家参考。

在参考本资料时，具体防控措施应根据本地区实际情况，在相关专业机构和人员的指导下实施。相关用药处方应按照国家有关规定执行。

由于编者水平有限，不足之处在所难免，敬请大家指正。

编　者

2020年4月

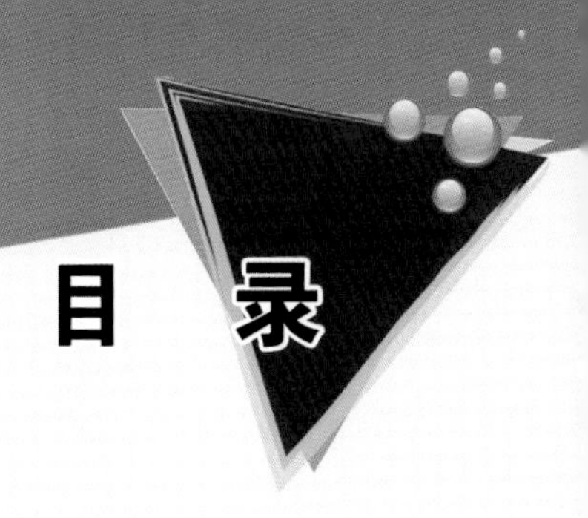
目　录

一、鲆鲽类典型病害

鲆鲽类爱德华氏菌病
Flatfish Edwardsiellosis

【症状】

依据急性与慢性感染病情，病鱼表现为不同的临床特征。慢性感染中，常呈现全身弥散性败血症（俗称红底板），体表

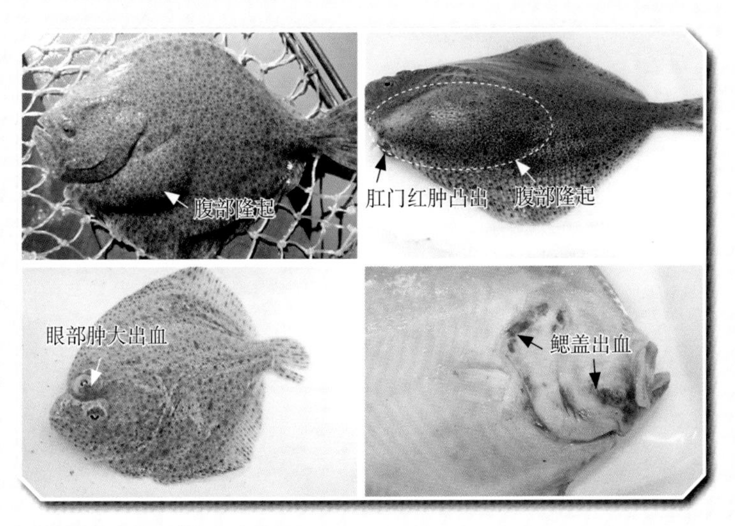

图1　鲆鲽类爱德华氏菌病体表典型临床特征

皮肤溃疡，随病情发展转变为肌肉脓肿坏死。由迟缓爱德华氏菌（*Edwardsiella tarda*）导致的爱德华氏菌病常见临床特征包括肌肉及头部出血，眼部周围肿大、眼球凸出或浑浊，腹部膨胀、有腹水，肛门出血、红肿凸出。杀鱼爱德华氏菌（*E. piscicida*）感染除上述一些典型临床特征外，常见皮肤、鱼鳍基部出血性充血，鳃盖、嘴部、下颚、下腹出血，体内脏器及肌肉出血，肝脏呈斑驳杂色。

病鱼一般都表现出食欲不振、游动无力、难以水中悬浮。幼鱼期患病大菱鲆常见臀鳍及尾部体色发黑，呈现黑白分明的分界线。解剖可见肝脏出血及瘀斑，脾脏、肾脏肿大，肠充血发炎，肝脏、脾脏、肾脏部位常见小的白色结节。

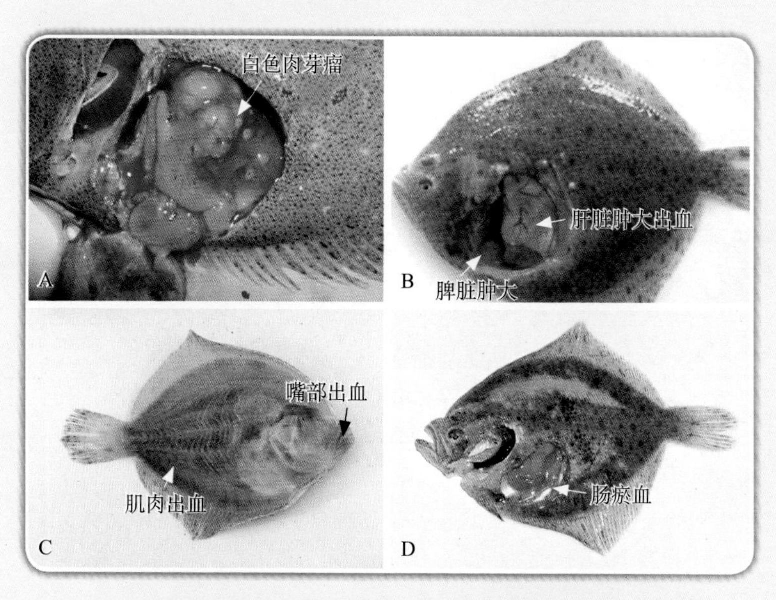

图2 大菱鲆爱德华氏菌病外观及解剖临床症状

A-肝脏肉芽瘤；B-内脏器官肿胀；C-全身肌肉及嘴部出血；D-肠瘀血

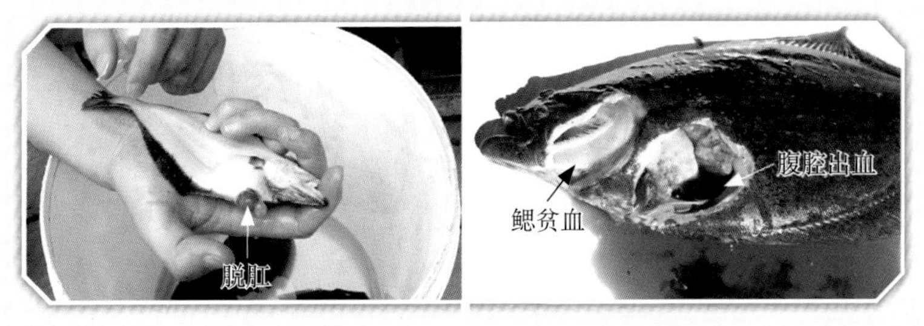

图3　牙鲆爱德华氏菌病典型临床症状

【病因】

根据养殖地区（从北方到南方）以及养殖品种的不同，我国海水鱼类爱德华氏菌病可分别由迟缓爱德华氏菌、杀鱼爱德华氏菌、鳗爱德华氏菌（*E. anguillarum*）引起，致病性、流行株及耐药性会有区别。大菱鲆和牙鲆易被感染，常被称为“腹水病”。对于牙鲆和舌鳎来讲，呈现腹水症状也常常由气单胞菌或弧菌引起，应谨慎诊断。

【对策】

在养殖生产中，养殖水温的升高、水质恶化、有机质（如饲料）残留积累等养殖环境变化，易引发该病害的暴发与传播。加强养殖水质管理，精准控制水温不产生较大波动，可减少病害的发生。爱德华氏菌为胞内寄生病原，且广谱抗药性病原蔓延，抗生素等药物防控疗效甚微。进行养殖环境及设施的清洁消毒，可选择次氯酸钠（>50 毫克/升），以往生产中常采用的甲醛消毒对该病原杀灭效果不佳。针对爱德华氏菌引发的大菱鲆腹水病，我国已有商品化疫苗上市，可在执业兽医师指导下，在养殖生产的适宜阶段进行疫苗免疫接种，能有效防控该类病害的发生与蔓延。由于不同养殖主产区的病原流行株有可能存在血清型差异，有关免疫接种计划可咨询国家海水鱼产业技术体系疾病防控功能研究室（http://www.marinefish.cn/）。

鲆鲽类弧菌病
Flatfish Vibriosis

【症状】

典型的弧菌病外观临床症状主要表现为鱼鳍基部、腹鳍和鱼体侧、嘴部、鳃盖及眼部等出血或全身性肌肉出血（俗称细菌性红体病），体表皮肤褪色。眼球凸出、角膜浑浊或溃疡，烂鳍、烂尾、体表溃疡、腹部隆起也是常见症状。垂死的病鱼则表现为厌食、游动无力，鳃丝贫血呈灰白色。

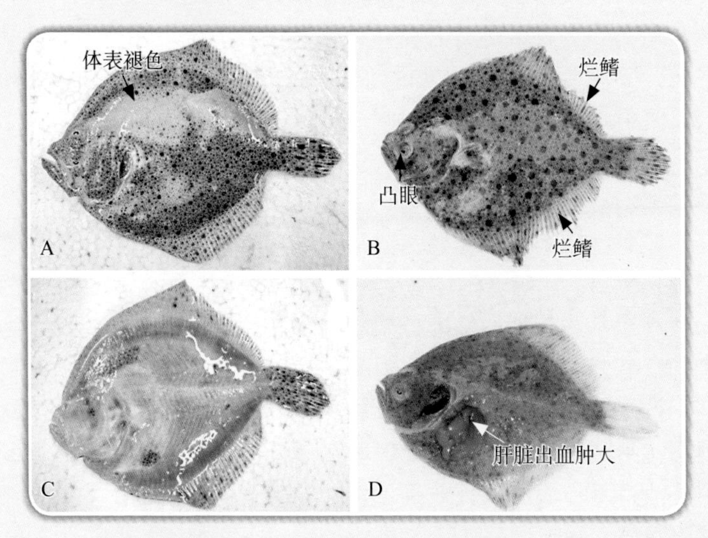

图4　大菱鲆弧菌病典型临床症状

A-体表褪色；B-凸眼、烂鳍；C-全身肌肉出血；D-肝脏出血肿大

剖检病鱼常见脾脏肿大，体肾隆起肿胀，肠道肿胀、充满透明黏性液体。肝脏、脾脏、肾脏常见出血和坏死区，肌肉也可见大的坏死斑。

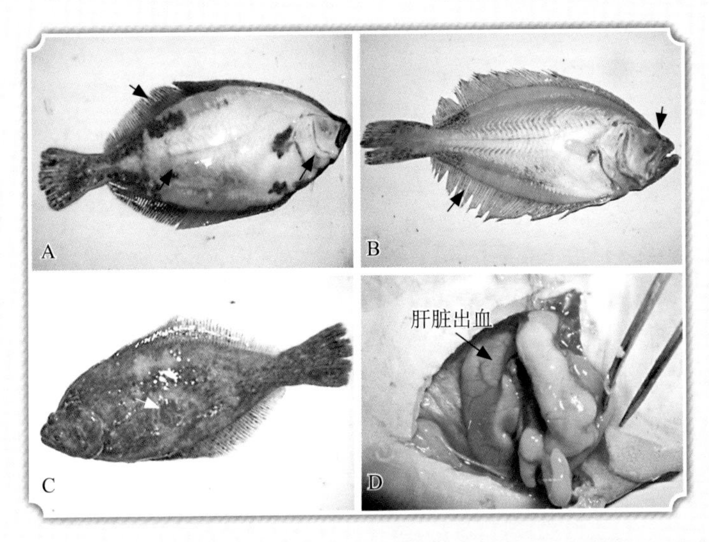

图5　牙鲆弧菌病典型临床症状

A-鳃盖、鳍基部出血，体侧出血（箭头）；B-烂鳍，嘴部及全身肌肉出血（箭头）；C-体表溃疡（箭头）；D-肝脏出血，肠道肿胀

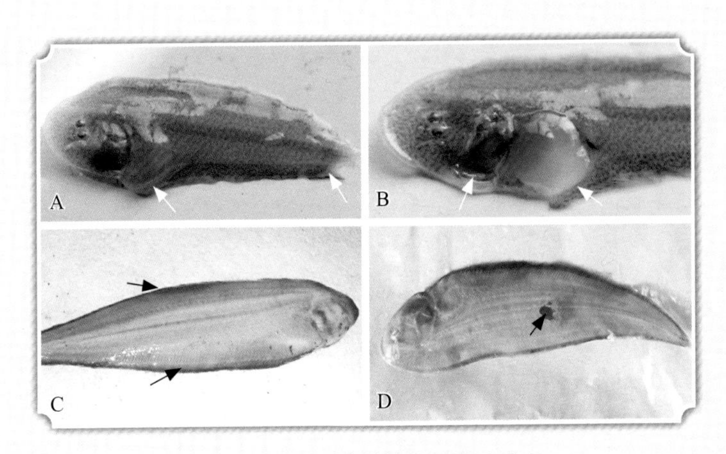

图6　半滑舌鳎弧菌病典型临床症状

A-烂尾，腹部隆起（箭头）；B-肝脏肿胀充血，鳃贫血发暗，肠道肿胀、充满透明液体（箭头）；C-鳍边出血（箭头）；D-全身肌肉出血，体表溃疡

【病因】

弧菌可引发多种温水及冷水重要经济鱼类典型出血性败血症，是海水鱼类最为流行的细菌性病害之一。鳗弧菌（*Vibrio anguillarum*）、哈维氏弧菌（*V. harveyi*）、副溶血弧菌（*V. parahaemolyticus*）、创伤弧菌（*V. vulnifiucs*）、灿烂弧菌（*V. splendidus*）是鲆鲽类弧菌病的主要病原，不同养殖地区、不同养殖品种感染的弧菌株以及血清型不同，如鳗弧菌O1型分布较为广泛，在大菱鲆中较为流行，而半滑舌鳎和牙鲆的弧菌病病原则以哈维氏弧菌、创伤弧菌和灿烂弧菌较为普遍。

鱼体皮肤黏液层受到破坏易引发鳗弧菌感染，投喂含有病原菌的饵料是导致仔鱼弧菌病发生的主要原因。

【对策】

每年夏季是各种弧菌病的高发期。目前国内已有大菱鲆鳗弧菌疫苗商业化产品，可通过浸泡（一般需要经过2次重复免疫）、腹腔注射方式接种免疫，详情可咨询国家海水鱼产业技术体系疾病防控功能研究室。在执业兽医师的指导下，药物治疗也可用于应对某些弧菌病暴发病例，但病原普遍存在抗药性，应谨慎制订治疗方案。

舌鳎分支杆菌病
Tongue Soles Mycobacteriosis

【症状】

鱼类分支杆菌病主要表现出两类典型的临床特征：皮肤性病变和内脏肉芽肿炎症。内脏肉芽肿炎症主要表现为脾脏、肝脏、肾脏等形成灰色或灰白色肉芽瘤状结节，严重病例则出现内脏粘连。急性分支杆菌病往往表现为广泛的内脏组织坏死，而不形成肉芽结节。皮肤性病变也伴随肉芽肿症状，常表现为上皮组织和鳞片脱落，造成体表浅层溃疡和局灶性腐烂（生产

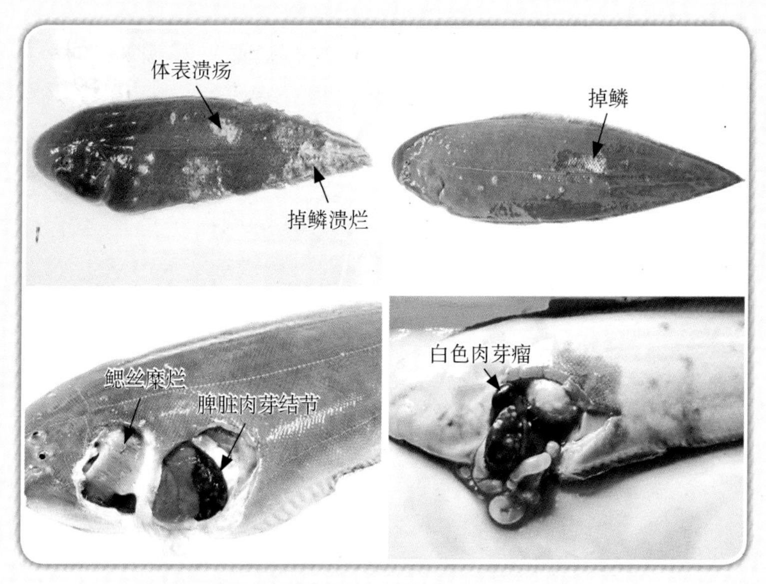

图7　半滑舌鳎分支杆菌病典型临床症状

养殖中表现为掉鳞和多处皮肤溃烂）。病鱼鳃丝贫血灰暗、糜烂有黏液；鱼体消瘦、腹水、眼球凸出、脊柱侧凸、掉鳞等非特异性临床症状时有发生。

病鱼行为发生变化，表现出游动迟缓、无法控制平衡和浮游姿势、厌食等临床特征。

【病因】

鱼类分支杆菌病由分支杆菌属（*Mycobacterium*）的几种致病性病原株引起。这些病原为革兰氏阳性抗酸细菌，需氧或微需氧，非运动性，杆状。目前，我国北方半滑舌鳎养殖主产区的病害流行病原株被鉴定为海分支杆菌（*M. marinum*）。

【对策】

目前，水源性传播和饲喂感染饵料是主要的病害传播途径。养殖生产中的应激胁迫或水质恶化易导致分支杆菌病的发生。该病主要表现为慢性症状，死亡率通常是慢性累计的，偶尔会发生高死亡率、暴发性的情况（一般发生在5—7月和10—12月）。急性、高死亡率的暴发常发生在高养殖密度的情况下。大多数分支杆菌致病株都具备很强的耐药性，药物治疗很难奏效。市面上尚无商品化专用疫苗。因此，严格的养殖设施消毒和苗种检疫以及控制水质变化和养殖密度是目前生产实践中较为有效的预防措施。

大菱鲆病毒性红体病
Turbot Reddish Body Iridovirus Disease

【症状】

患病大菱鲆摄食减少或停止摄食，活力弱，分散浮于养殖池（网箱）四周或在水面附近缓慢游动。病鱼体表无明显损伤，鳍条及鳍基部充血或弥散性出血，腹面（无眼侧）沿脊椎

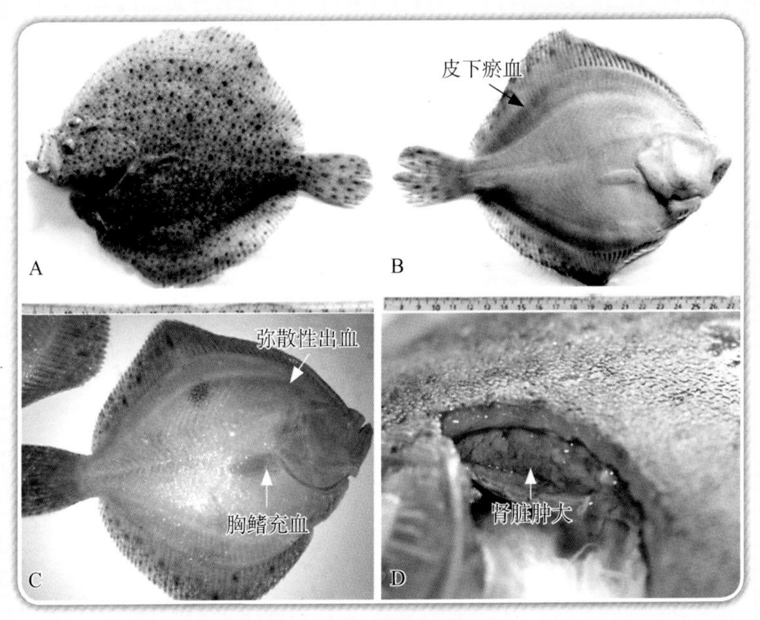

图8　大菱鲆病毒性红体病典型临床症状*

A-有眼侧体表无明显损伤；B、C-腹面体表症状；D-肾脏肿大

---

*　图A和图B引自Shi CY, Jia KT, Yang B, et al. Complete genome sequence of a *Megalocytivirus* (family Iridoviridae) associated with turbot mortality in China. Virol J 2010, 7:159.

骨皮下瘀血、发红，病情严重时病鱼腹面呈粉红色或暗红色，俗称红体病。病鱼贫血，鳃丝呈暗灰色。剖检可见病鱼血液量少、稀薄，颜色淡，不易凝固。病鱼胃肠道水肿，有时有黄、白色胶状物；脾脏略显肿大；肾脏肿大，呈灰白色。

【病因】

病原为大菱鲆红体病虹彩病毒（Turbot reddish body iridovirus, TRBIV），隶属于虹彩病毒科肿大细胞病毒属，为大型双链DNA病毒。病毒颗粒大小为120 ~ 130纳米，由外衣壳、间隔区和病毒核心组成。病毒感染靶器官为脾脏与肾脏。

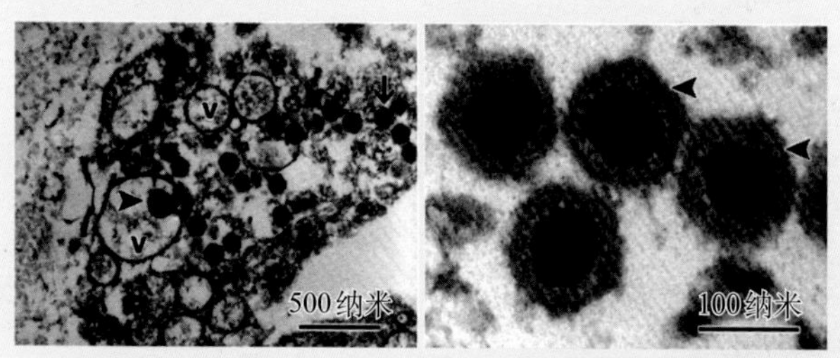

图9　大菱鲆红体病虹彩病毒电子显微照片*

【对策】

该病害在山东、河北等大菱鲆养殖区均有流行，主要危害养成期大菱鲆，高发季节8—12月，流行水温16 ~ 20℃。

使用病原特异性检测可对该病进行诊断，已建立的检测方法包括常规PCR、套式PCR、实时荧光定量PCR，以及环介导等温扩增（LAMP）试剂盒等。不能依据“红体”症状诊断该病，因为细菌性病原或生理性因素有时也可导致大菱鲆出现

* 引自Shi CY, Jia KT, Yang B, et al. Complete genome sequence of a *Megalocytivirus* (family Iridoviridae) associated with turbot mortality in China. Virol J 2010, 7:159.

类似的“红体”症状。该病目前尚无有效治疗方法，也无商品化疫苗可用。建议防控措施主要为：加强苗种中TRBIV的检疫，在养殖中尽量使用配合饵料，避免使用未经TRBIV检疫的冰鲜小杂鱼投喂大菱鲆。

大菱鲆盾纤毛虫病
Turbot Scuticociliatosis

【症状】

感染初期鱼体出现白斑、黏液增多，随着病情的发展，体表、鳍、鳃盖内侧发红，病灶处组织出现红肿，严重时吻端和鳃盖出现溃烂、出血，鳃丝贫血发白、黏液增多。病鱼一般体

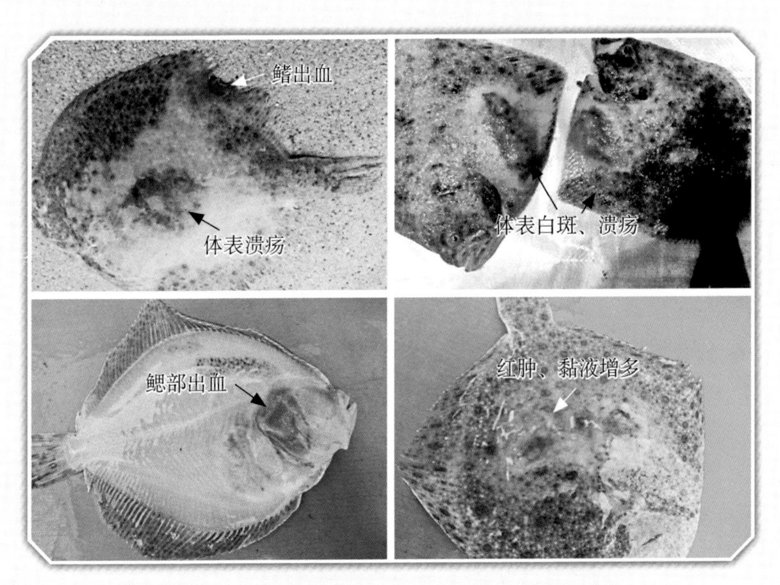

图10　大菱鲆幼鱼盾纤毛虫病典型临床症状

色变暗，活力减弱，摄食量减少或停止摄食，生长减慢；在育苗池或养殖池中分布散乱，常出现打转游动、不安狂动、上浮狂游等现象。盾纤毛虫可感染脑组织以及内脏器官，剖检可发现鳃丝、肝脏褪色，肠道松弛，腹腔积液。镜检患部、体表溃烂组织及鳃丝，可见大量活泼游动的盾纤毛虫。盾纤毛虫也大量见于肝脏、脾脏、肾脏、脑和心脏。

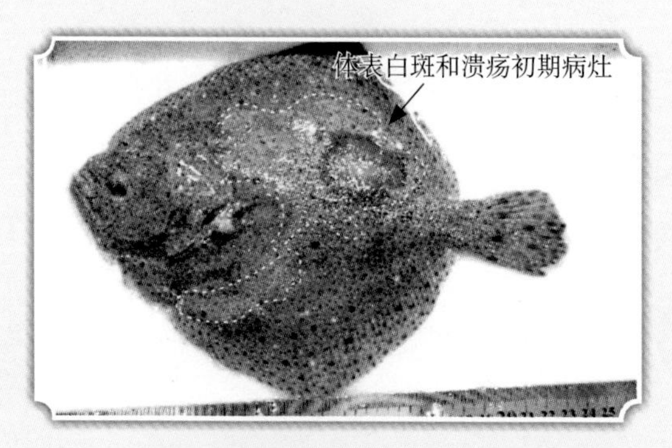

图11　大菱鲆成鱼盾纤毛虫病初期典型临床症状

【病因】

该病是由一种噬组织的兼性寄生虫盾纤毛虫（又称嗜腐虫）引发的。盾纤毛虫寄生于体表组织（如鳍、尾柄、眼腔周围等）乃至体内，如脑组织、内脏器官。虫体略呈葵花籽状，内质不透明，常有多个食物泡及内储颗粒。虫体遍体被覆纤毛，后端钝圆，有一根较长的尾纤毛。

自病鱼溃疡等患部用镊子或载玻片刮取黏液或剪取鳃丝，在显微镜下镜检，发现葵花籽状、活泼游动、全身被覆纤毛、大小为20 ~ 40微米的虫体，即可确诊。

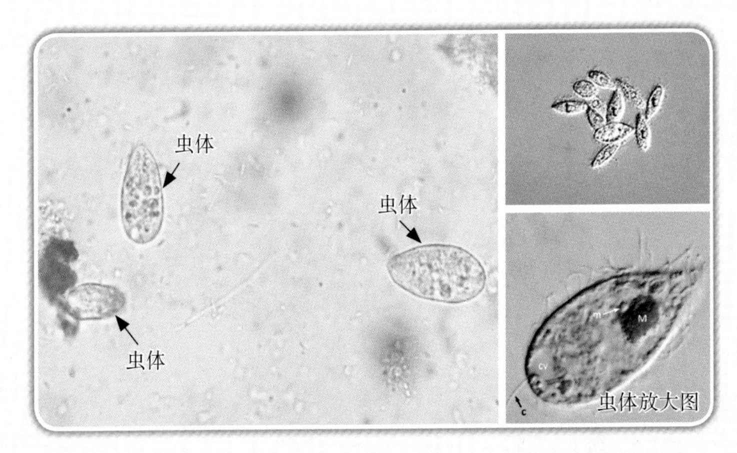

图12　盾纤毛虫显微形态特征

【对策】

盾纤毛虫病是大菱鲆工厂化养殖中最为严重的寄生虫病。盾纤毛虫繁殖水温15 ～ 22℃，病害全年均可发生，但春末和夏初、秋末和冬初是病害高发期。在大菱鲆育苗和养殖期间，养殖密度过大、排泄物多、投饵过量等导致养殖水质富营养化时，或养殖过程中生产操作不慎造成鱼体表损伤且水中存在大量盾纤毛虫体时，极易引发病害发生。大菱鲆鱼苗、幼鱼和养殖的成鱼阶段皆会感染此病害。该病以预防为主，发病初期，盾纤毛虫在鱼体浅表处时还可治愈；若纤毛虫通过体表溃烂处、鳃丝入脑、肝脏等器官则无有效治疗方法。一般采取药浴方式处理，由执业兽医师根据病情轻重开具用药处方、制订用药量和药浴时间。

二、大黄鱼典型病害

大黄鱼假单胞菌病
Large Yellow Croaker Pseudomonasis

【症状】

大黄鱼假单胞菌病（又称肉芽肿病）的典型临床症状表现为内脏（脾、肝、肾等）组织出现许多白色、灰色或茶色点状结节，俗称内脏白点病。病鱼主要表现出离群、厌食、鱼体消瘦、常浮于水面、游动无力迟缓等症状，极少见体表损伤。鳃盖、上腹部、胸鳍基部、肛门出血也时常见于某些病例中(图13A)。

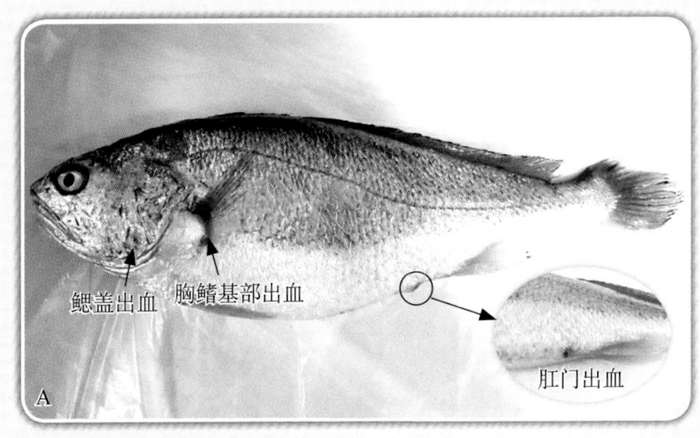

图13　大黄鱼假单胞菌病典型临床症状

A-外观症状；B-剖检临床特征

剖检可见鳃丝颜色变淡，有腹水，脾、肾、肝等内脏组织或器官出现大小不等的白色点状结节（图13B和图14）。

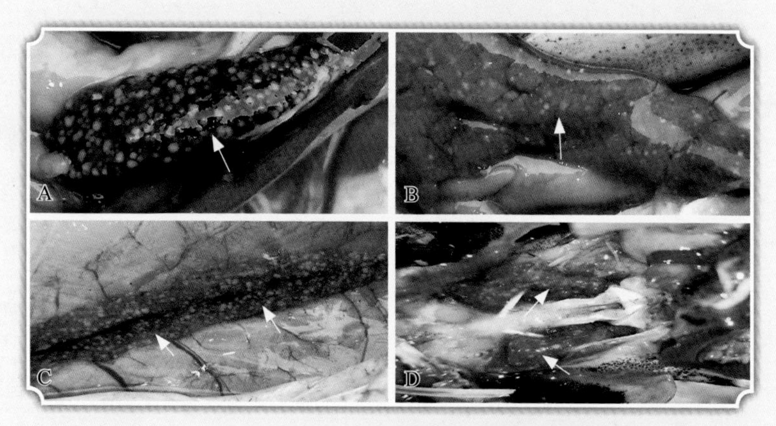

图14　大黄鱼假单胞菌病典型临床症状（内脏结节）

A-脾脏结节；B-肝脏结节；C-中后肾结节；D-头肾结节

【病因】

该病害高发期为每年的3—5月和10—11月。病原以前被鉴定为鰤鱼诺卡氏菌（*Nocardia seriolae*），现在确认为革兰氏阴性细菌杀香鱼假单胞菌（*Pseudomonadaceae plecoglossicida*），为大黄鱼内脏白点病的流行性病原。

【对策】

该病为网箱养殖大黄鱼的主要细菌性疾病之一，流行时间主要受养殖水温的影响，高发水温在15 ~ 23℃。根据病害流行的季节规律，建立早期预警机制，做到“无病先防、早发现早治疗”。有体表皮肤损伤的大黄鱼易被感染，并具有较高的死亡率。因此，减少养殖中易损伤鱼体的生产操作可以较大程度避免病害的发生。降低养殖密度，减少或避免不良应激操作，同时在饲料中适量添加多种维生素，提高鱼群免疫力。

鉴于目前流行的病原株具有多重耐药性，在病害早期发生时，执业兽医师可根据病原药敏检测结果并视鱼群整体摄食情况开具适用药饵处方，用于控制病原的传播与扩散。目前尚无商品化疫苗可用。

大黄鱼弧菌病
Large Yellow Croaker Vibriosis

【症状】

典型的病鱼表现为行为倦怠，体表肤色发暗，鳞片疏松脱落继而发展为皮肤溃疡。部分病例表现出眼部凸出、角膜浑浊不透明、烂鳍烂尾、鳃盖和腹部出血。剖检往往可见肝脏、肠

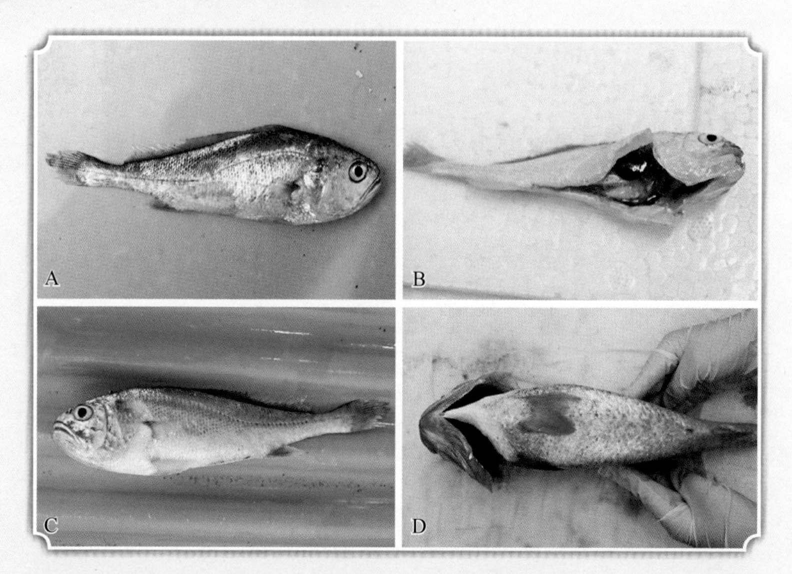

图15　大黄鱼弧菌病典型临床症状

A-胸鳍、臀鳍基部出血，体色发暗，鳞片部分脱落；B-脾脏肿大；C-鳃盖出血；D-腹部及腹鳍出血

道壁、鳔和腹膜等拥挤成一团，肝脏、脾脏肿大，胆囊肿大、充满深暗色胆汁，肠道肿胀、充满清亮液体。鳃部贫血溃烂也是常见症状。

【病因】

弧菌病是大黄鱼网箱养殖中最为常见的一种细菌性病害。根据养殖水域地理位置的不同，病原流行株有所差异。主要病原为哈维氏弧菌和溶藻弧菌（*Vibro alginolyticus*），它们均为条件致病菌，很多情况下是作为继发感染病原造成大黄鱼的暴发性弧菌病（如感染刺激隐核虫后）。

【对策】

弧菌病高发于夏季海水温度超过25℃时，其中溶藻弧菌

作为一种条件致病菌在高温和高盐度时易黏附于大黄鱼的肠道，这是弧菌侵染大黄鱼的主要途径。大黄鱼多在体表有擦伤、经受不良环境胁迫或免疫力低时感染弧菌病。养殖海水pH、水温和盐度产生较大波动等不良环境胁迫较易引发弧菌病发生。在遭遇不良养殖环境（如暴雨过后导致的海水盐度波动）前后或发现感染寄生虫病时，及时添加投喂免疫增强剂或抗菌剂等是防止弧菌病严重暴发的有效生产管理措施。

免疫防控是未来网箱养殖大黄鱼最有效的病害防控手段。目前大黄鱼哈维氏弧菌灭活疫苗正在研发中。国家海水鱼产业技术体系已获得国家批准的鳗弧菌基因工程疫苗对溶藻弧菌和哈维氏弧菌具有较好的交叉免疫保护力。

大黄鱼刺激隐核虫病
Large Yellow Croaker Cryptocaryoniosis

【症状】

在疾病的早期阶段，鱼的摄食量减少、游动迟缓，但时而飞速游动，并且时常蹭擦养殖池壁或网箱网衣。中后期表现为呼吸频率加快（鳃盖闭合频率），体表黏液增多，可形成大量肉眼可见的白点（俗称体表白点病）。虫体寄生数量多时，会在大黄鱼体表形成一层白色薄膜。

【病因】

该病由纤毛虫类的刺激隐核虫（*Crytocaryon irritans*）寄生引起。该寄生虫周身长有纤毛，能运动，寄生于大黄鱼体表和鳃的上皮浅表层下。镜检可见黏液、胸鳍或鳃丝有呈圆形、椭圆形或梨形的滋养体（50 ~ 460微米）并作缓慢旋转运动。

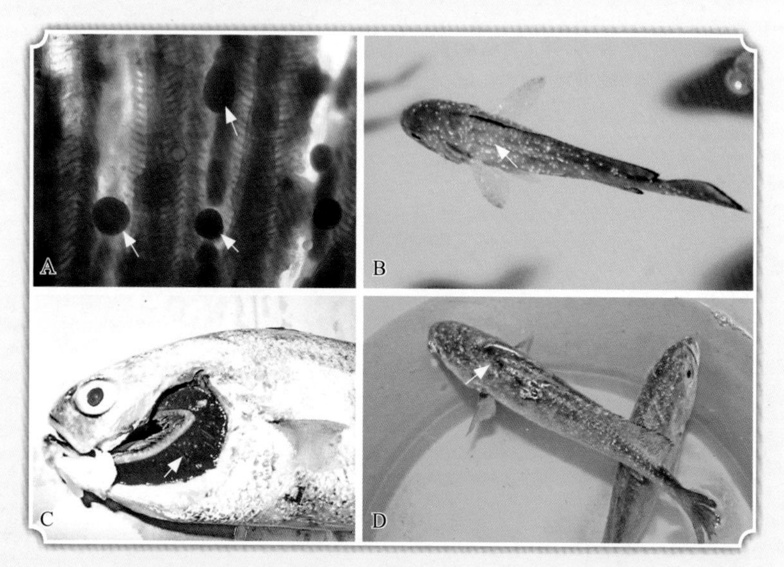

图16　大黄鱼刺激隐核虫病（白点病）典型临床症状

A-显微镜检感染寄生在鳃丝上的刺激隐核虫滋养体；B-寄生刺激隐核虫形成鳃丝白点；C、D-体表寄生刺激隐核虫形成体表大量白点

【对策】

刺激隐核虫病是危害大黄鱼健康养殖最为严重的寄生虫病害。在密集生产养殖环境中，特别是在大黄鱼经受养殖环境或生产操作应激之后，可大量感染，常引起大规模死亡，并成为继发性细菌感染的重要诱因，主要流行季节为5—10月。

目前，在工厂化养殖条件下可较好地控制此病害的暴发，可根据执业兽医师处方采用适当药剂进行消毒杀虫，但大黄鱼对许多药剂较敏感，应慎用并严格遵照执业兽医师处方施用。对于海域网箱养殖进行防控治疗则较困难，在病害流行季节应勤换洗养殖网箱并保持水流畅通。当感染程度较低时，可在网箱内对角处采用三氯异氰脲酸片（水产用）挂袋防治，能杀灭部分幼虫，减少寄生数量。当相邻网箱或整个海域病情严重

时，有条件的情况下可将网箱搬移到流速较急、养殖网箱较少的海域，几天后病鱼可自愈。另外，发病期间可适当减少投喂，并添加少量的抗生素和多种维生素，以防继发性细菌感染，并增强大黄鱼的免疫力。

大黄鱼环境胁迫性疾病
Large Yellow Croaker Environmental Stress Diseases

【症状】

高温胁迫：温度小幅升高导致大黄鱼摄食减少、生长缓慢、抗病力差等。温度快速大幅度升高，大黄鱼会出现游边、浮头、无力侧游等异常行为特征，严重时会导致死亡。

低氧胁迫：大黄鱼急性缺氧早期表现出呼吸增强加快、游动活跃、上下跳跃等异常行为，随着时间推移出现痉挛、横卧不动、浮头等症状，直至死亡。大黄鱼慢性缺氧时没有明显症状，但缺氧其对其生长、发育、繁殖等都会产生不利影响。

【病因】

环境胁迫性疾病是环境因子单独或共同作用于养殖鱼类，导致鱼体生命活动和生理功能紊乱，乃至死亡的疾病。导致环境胁迫性疾病的环境因子主要包括温度、溶解氧、亚硝酸盐、氨氮等。温度胁迫中，温度小幅升高会影响大黄鱼代谢、免疫等生理过程，高温对大黄鱼的免疫系统会产生不利影响，易同时引发病原性疾病。大黄鱼养殖的适应水温范围为8～30℃，最适生长水温为18～28℃，水温超过28℃属于高温胁迫。大黄鱼生长比较适宜的溶解氧浓度应在5毫克/升以上，溶解氧浓度低于5毫克/升时，大黄鱼处于低氧胁迫状态。

【对策】

大黄鱼网箱养殖的环境调控很难实现人为控制，因此，除选择良好的养殖水域外，在日常生产管理中，一方面应避免养殖环境污染，减少冰鲜饲料投喂，维护和提高养殖环境质量，降低大黄鱼养殖密度，增加养殖水体中溶解氧的相对含量；另一方面，通过投喂壳聚糖、维生素等免疫增强剂增强大黄鱼的抗应激能力和免疫力，可在一定程度上减少或避免高温、低氧等导致环境胁迫性疾病的发生。

三、石斑鱼典型病害

石斑鱼弧菌病
Grouper Vibriosis

【症状】

患病石斑鱼主要表现为无力昏睡状，停止摄食，游动没有

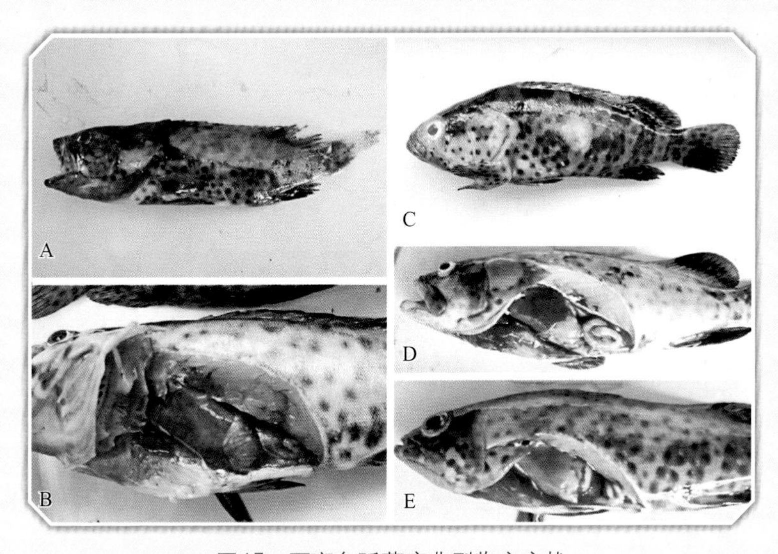

图17　石斑鱼弧菌病典型临床症状

A-烂鳍、烂尾；B-肝脏、脾脏肿大出血；C-眼角膜浑浊发白不透明；D-病鱼肝脏出血；E-正常鱼肝脏

方向感，嘴部和鳍出血，后期发展为慢性皮肤溃疡或坏死性皮下囊肿（俗称烂身病）。有些典型病例则呈现不透明的白色眼角膜症状。剖检常见鳃部结节性损伤，肾脏坏死，肝脏、脾脏肿大并有损伤，内脏血管炎，肠道坏死性发炎并充满黄色液体，肛门附近发红、有瘀血等。

【病因】

弧菌病为石斑鱼养殖中最为普遍的一种流行性细菌病。根据养殖水域地理位置的不同，病原流行种株有所差异。主要病原为哈维氏弧菌和溶藻弧菌。

【对策】

针对石斑鱼哈维氏弧菌和溶藻弧菌的灭活疫苗已进入临床研发阶段，免疫预防将成为弧菌病防控的一个有效措施，但目前技术尚不成熟。目前情况下，在执业兽医师开具处方前提下，药物治疗可用于应对弧菌病暴发病例，但病原抗药性较为普遍，应谨慎制订治疗方案。

石斑鱼细胞肿大虹彩病毒病
Orange Spotted Grouper Iridovirus（OSGIV）Diseases

【症状】

病鱼临床症状一般包括在水中游动异常，嗜睡，体表无明显损伤，体色发黑，严重时可见眼球凸出，鳃丝充血或出血。解剖病鱼可见贫血症状明显，肝脏发白，脾脏、肾脏肿大发白或有出血点等。

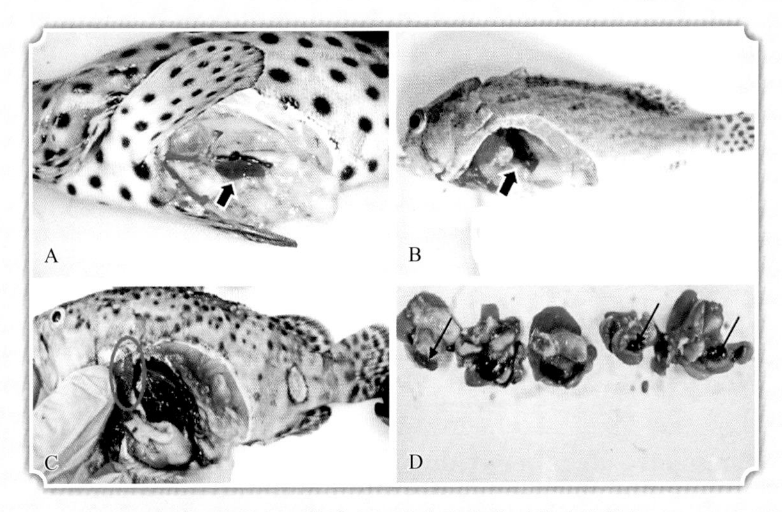

图18　石斑鱼细胞肿大虹彩病毒病典型临床症状*

A-脾脏肿大，肝脏发白（箭头）；B-脾脏肿大（箭头）；
C-体色发黑，鳃出血（红色圈）；D-肝脏和脾脏（黑色箭头）肿大

【病因】

病原是真鲷虹彩病毒型（Red sea bream iridovirus, RSIV）肿大病毒，一种双链DNA病毒，隶属于虹彩病毒科（Iridoviridae）、细胞肿大病毒属（*Megalocytivirus*）。这是石斑鱼等名贵海水养殖鱼类最重要的病毒性病原之一。

【对策】

细胞肿大虹彩病毒病主要发生在春秋季节，受水温影响，水温为25 ~ 34℃时易发该病，28 ~ 30℃是其最适流行水温。水温低于18℃时，石斑鱼可感染该病毒但不出现临床症状。由此可见，温度高于34℃或低于18℃时该属病毒都会被抑制。

---

* 引自Ma’mun F, Imanudin K, Untari T. Identification of iridovirus based on molecular and imunohistochemistry studies on the grouper fish (*Epinephelus* sp.) in Lombok, Indonesia. Res J Agri Environ Manag 2018, 7:18-22.

该属病毒具有潜伏感染的特点，当达到适宜暴发的养殖水环境温度，或其他因素导致鱼体抵抗力下降时，潜伏病毒易被激活，使得鱼群开始发病、疾病快速传播。因此，选择合理的检测方法，加强种苗和养成期间的病毒定期检测，对于控制疾病的流行具有重要意义。目前，对于这种病毒病尚无有效的治疗药物和疫苗。

石斑鱼虹彩病毒病
Singopore Grouper Iridovirus Virus（SGIV）Diseases

【症状】

病鱼体色变深，活力差，常停止摄食和游动，似昏睡状侧躺于池底，鳃部贫血或呈点状出血。剖检可见脾脏发黑肿胀，肝脏和造血组织出现严重的坏死病灶。病理切片检查可见脾脏和肾脏出现严重坏死，且都形成大量的核固缩细胞。此外，脾脏中还形成嗜碱性包涵体。

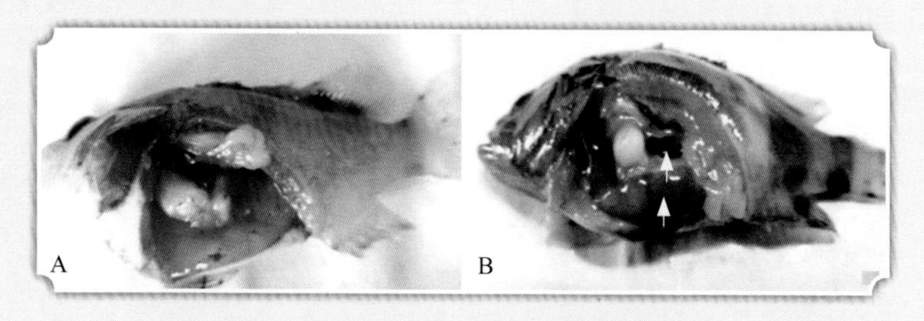

图19　石斑鱼虹彩病毒病典型临床症状*

A-健康石斑鱼；B-患病石斑鱼脾脏发黑（上箭头），肝脏坏死（下箭头）

* 引自Peng C, Ma H, Su Y, et al. Susceptibility of farmed juvenile giant grouper *Epinephelus lanceolatus* to a newly isolated grouper iridovirus (genus Ranavirus). *Vet Microbiol* 2015, 177(3-4):270-279.

【病因】

病原为虹彩病毒科蛙病毒属成员的一种DNA病毒，病毒颗粒直径为150 ~ 170纳米。

【对策】

迄今尚无有效病害治疗措施，也无商品化疫苗可用。预防措施包括进行病原检测、改善水质、增加营养、提高鱼自身免疫力。

石斑鱼神经坏死病毒病
Grouper Nervous Necrosis Virus（GNNV）Diseases

【症状】

患病仔鱼消瘦乏力，厌食或停止摄食，身体弯曲，体色较黑，眼球凸出，身体失衡，常倒置浮于水面，间或螺旋状游动，活动性和群聚性差，一些病鱼往往侧躺于池塘底部。鱼发病后数天内出现死亡，累计死亡率为10%～100%。剖检常见鳃贫血发白，鳔膨胀，肠道或有棕绿色积液，脾脏发黑肿大。病鱼脑组织出血，镜检可见脑组织、视网膜及鳍条出现大量空泡化坏死样病变。

【病因】

此病害病原为神经坏死病毒（Nervous necrosis virus, NNV），属诺达病毒科（Nodaviridae）、乙型诺达病毒属（*Betanodavirus*），是一种无囊膜RNA病毒，病毒粒子直径为25 ~ 40纳米，又称病毒性脑病和视网膜病毒（Viral encephalopathy and

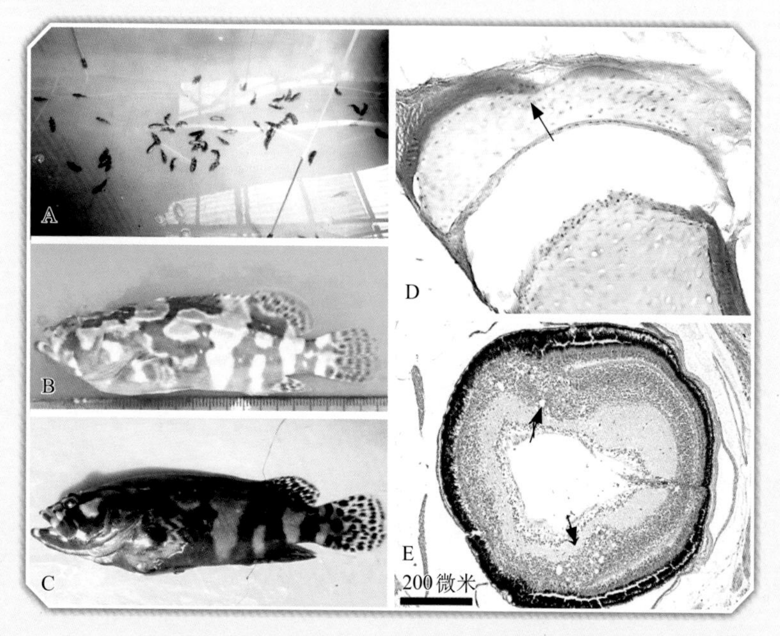

图20　石斑鱼神经坏死病毒病典型临床症状*

A-养殖池中的患病幼鱼；B-健康鱼；C-病鱼体色发黑；
D-病鱼鳍条组织空泡化（箭头）；E-病鱼视网膜内核层空泡化（箭头）

retinopathyvirus, VERV)，流行于海水鱼类，对仔鱼和幼鱼危害很大，可通过水平和垂直传播。

【对策】

对于石斑鱼神经坏死病目前尚无有效的防治方法。建议在生产养殖中从以下几个方面加强预防：①加强苗种检疫，尤其是育种亲鱼的病原检测；②调整饵料结构（检测饵料是否携带GNNV)，增强鱼体免疫力；③改善水质，消毒养殖水源等。

---

* 引自Khumaidi A, Fadjar M, Iranawati F, et al. Mass mortality associated with viral nervous necrosis of hybrid grouper (*Epinephelus* sp.) cultured in city of grouper. AIP Conf Proc 2019, 2120:070007.

石斑鱼刺激隐核虫病
Grouper Cryptocaryoniosis

【症状】

被寄生感染的石斑鱼体表、鳃、鳍及口腔等部位形成肉眼可见、针尖大小的白点，严重时鱼体全身遍布可见白点（俗称石斑鱼白点病）。患病石斑鱼活动异常，食欲降低，上皮增生，呼吸困难并伴有机械损伤，继而引发细菌感染导致病鱼死亡。刮取病鱼体表黏液，在普通光学显微镜观察可以看到圆

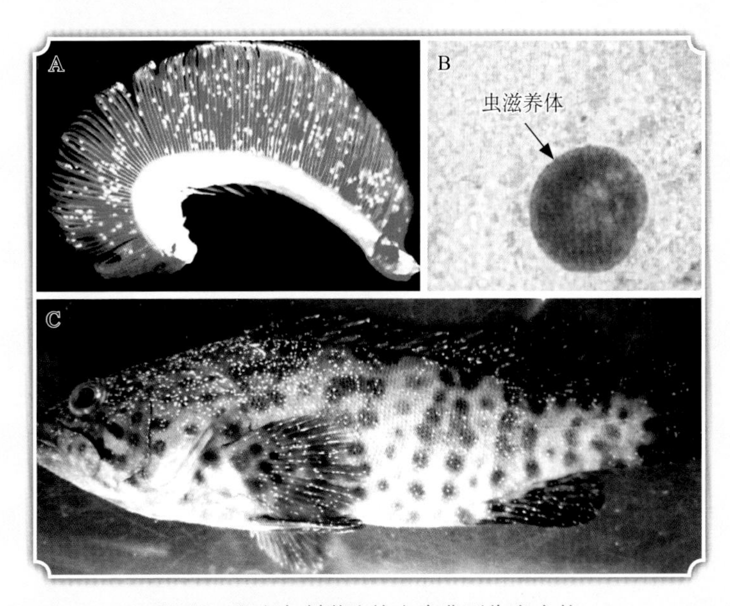

图21　石斑鱼刺激隐核虫病典型临床症状

A-鳃丝上寄生的虫体（白点）；B-显微观察到的虫滋养体；
C-石斑鱼体表寄生的刺激隐核虫滋养体（白点）

形、椭圆形或梨形且全身具有纤毛、体色不透明、缓慢旋转运动的虫体。

【病因】

由于症状很像淡水鱼小瓜虫病，故有人将刺激隐核虫病误称为小瓜虫病，其实该病与小瓜虫没有任何关系。本病害由刺激隐核虫寄生引起。虫体生长发育依次分为四个阶段：滋养体→包囊前体→包囊→幼虫。滋养体寄生在鱼体皮肤和鳃丝，形成白点；在鱼体上寄生3～5天后，即从鱼体脱落进入包囊前体阶段，并在海水中漂流数小时后附着在网箱、底泥或一些漂浮附着物上，形成包囊；包囊经过2～5天的发育后即可孵化出数百个幼虫（20微米大小），幼虫能游动，当遇见宿主（鱼）后，即钻入其皮肤和鳃，在其浅表层发育成滋养体，完成生活史。

【对策】

刺激隐核虫病主要暴发于密集养殖的网箱、鱼塘和室内养殖系统，养殖环境急剧变化时（如台风过后、水温大幅波动）易诱发病害。病害一旦暴发，很难防控。目前主要通过预防方法对病害进行控制：①对水泥池育苗及工厂化养殖来说，大量换水（超过50%）及定期消毒是减少刺激隐核虫病发生的有效方法；②严格控制养殖密度；③投喂优质配合饲料并添加免疫增强剂，可减少病害发生、降低发病后的死亡率；④如采取药浴，应在夜间幼虫孵化时实施，抑虫效果最佳。针对该病的灭活疫苗在研发中，详情可咨询国家海水鱼产业技术体系疾病防控功能研究室。

四、卵形鲳鲹典型病害

卵形鲳鲹诺卡氏菌病
Pompano Nocardiosis

【症状】

患病鱼体色较深，反应迟钝，食欲下降，离群独游或打转，逐渐消瘦直至最终死亡。病鱼体表或鳍基部有出血现象。随着病情加重，部分病鱼鳃上有棉絮状结节，鳃盖基部有脓肿，体表有大小不一的皮下脓包，脓包破后形成溃疡。内脏（肝脏、脾脏、肾脏）充血、肿大，鳃、心脏、脾脏、肾脏等出现大量直径为0.5 ~ 2毫米的白色或淡黄色干酪样结节。

【病因】

病原为鰤鱼诺卡氏菌，该菌呈革兰氏阳性，在脑心浸液固体琼脂培养基上呈现白色颗粒状菌落，表面干燥有褶或光滑呈蜡样。显微观察可见大量丝状菌体，革兰氏染色后菌丝呈紫色短杆或细长枝状。

【对策】

卵形鲳鲹诺卡氏菌病为慢性流行性病害，流行时间较长，4—11月均有发生。鱼体内脏逐渐形成干酪样结节病变，常造

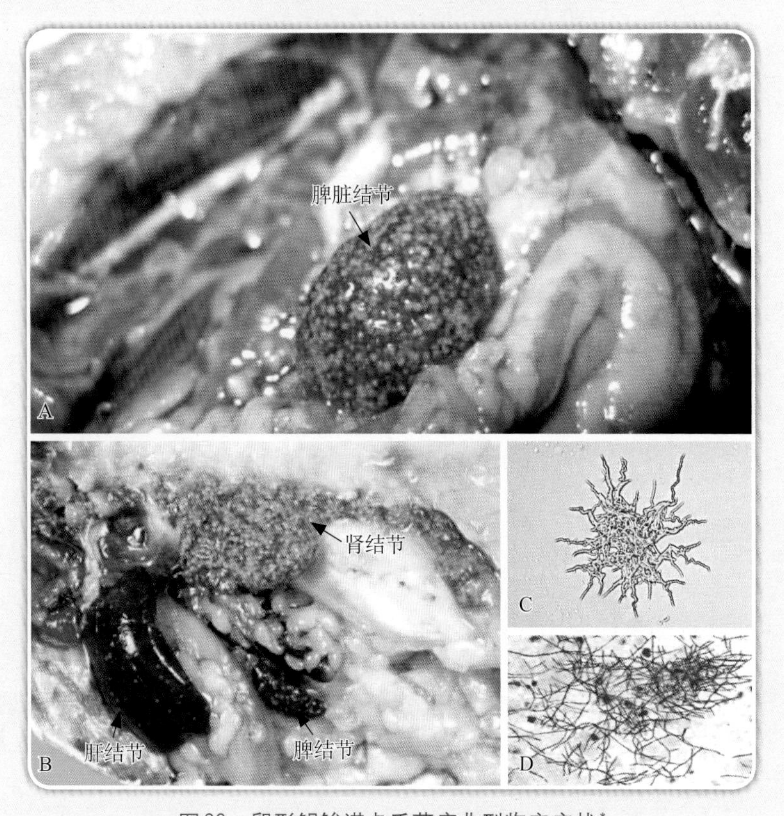

图22　卵形鲳鲹诺卡氏菌病典型临床症状*

A-脾脏干酪样白色结节/白点；B-肾脏、肝脏、脾脏上的坏死结节/白点（箭头）；C、D-诺卡氏菌放射状菌丝与革兰氏染色显微照片

成大量死亡。发病高峰期在6—10月，水温在15 ~ 32℃时都可流行，25 ~ 28℃时发病最为严重。

该病感染后对鱼体的肝脏、肾脏等内脏器官的损伤较大，目前尚无针对诺卡氏菌病的特效药物。开发专用疫苗是防控该病害的重要手段。

* 图A引自《农财宝典》水产版2014年资料。

卵形鲳鲹刺激隐核虫病
Pompano Cryptocaryoniosis

【症状】

病鱼一般表现为身体不适而在养殖网箱或养殖池底进行摩擦、碰击，造成身体擦伤、呼吸困难。被寄生感染的病鱼常浮

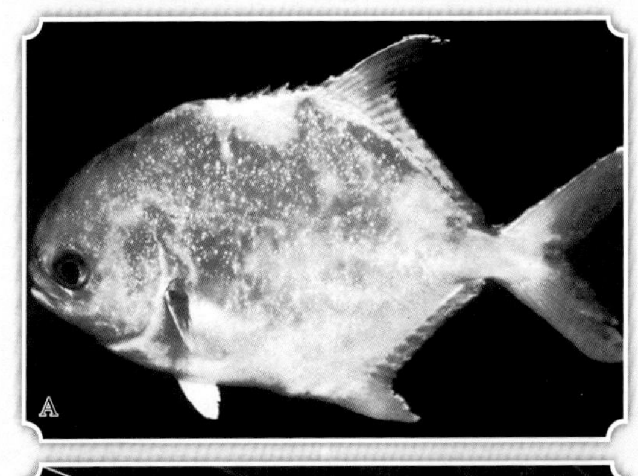

图23 卵形鲳鲹刺激隐核虫病典型临床症状

A-体表寄生的滋养体；B-鳍条溃烂

于水体表面漫游，敏感度降低；体表和鳃上的黏液增多，食欲下降甚至停止摄食；眼球浑浊；鳃上和体表因刺激隐核虫滋养体寄生呈现大量的小白点（俗称鲳鲹白点病）。

【病因】

刺激隐核虫寄生在卵形鲳鲹体表和鳃部是发病病因。根据刺激隐核虫生活史，其滋养体寄生在鱼体表、鳃的上皮下，呈圆形或梨形，直径在452微米以上，周身长有纤毛，可以借助纤毛的高速摇动在鱼上皮内作旋转运动，以宿主体液、组织、细胞为食。刚从患病鱼体表脱落下来的包囊前体掉入海水中，多数虫体在每天黎明前的黑暗时期脱落。包囊前体脱掉外膜上的纤毛并贴附于附着物上，形成包囊。包囊里的细胞发生分裂，形成很多小个体。幼虫呈椭圆形或纺锤形，大小为30毫米×70毫米，通常在夜间暗光时从包囊中逸出，在水中快速游动，继续寻找新的宿主（鱼）。

【对策】

卵形鲳鲹刺激隐核虫病的防治措施应根据寄生虫的生活史特征来制订，采取综合防控的方法来降低病害风险。①通过夜间泼洒适用药物或在养殖网箱四周悬挂药袋，有效杀灭刺激隐核虫幼虫，减少和阻断寄生虫的持续传播。②对于封闭式的水环境（如池塘或室内鱼池等），在刺激隐核虫病发生的早期，进行大量换水（最好每日用新鲜海水交换掉50%的池塘水）；对于开放式的养殖水体（如海水网箱养殖）可以将发病和将要发病的网箱拖到水体流动较好、清洁的海区暂养，离开拥挤的病害海区，可以缓解刺激隐核虫病引起的危害和死亡。③投喂营养丰富的饲料，增加复合维生素的含量来增强鱼体免疫力；此外良好的水环境也是确保鱼体免疫力的重要因素。④科学合理布局养殖水面，控制养殖面积，调

整养殖品种结构，在一些地区实行换养和轮养制（混入感染率低的鱼种如篮子鱼）。⑤对养殖海区的理化因子和生物因子进行定期检测（定期检测刺激隐核虫幼虫），做好预警预报。

图书在版编目（CIP）数据

水生动物防疫系列宣传图册．三，海水鱼类病害防控知识．1/农业农村部渔业渔政管理局等组编．—北京：中国农业出版社，2020.5

ISBN 978-7-109-26844-9

Ⅰ.①水…　Ⅱ.①农…　Ⅲ.①水生动物–防疫–图册　Ⅳ.①S94-64

中国版本图书馆CIP数据核字（2020）第080590号

水生动物防疫系列宣传图册（三）

SHUISHENG DONGWU FANGYI XILIE XUANCHUAN TUCE (SAN)

中国农业出版社出版

地址：北京市朝阳区麦子店街18号楼

邮编：100125

责任编辑：王金环

版式设计：王　晨　　责任校对：吴丽婷

印刷：中农印务有限公司

版次：2020年5月第1版

印次：2020年5月北京第1次印刷

发行：新华书店北京发行所

开本：850mm×1168mm　1/32

印张：1.5

字数：68千字

定价：18.00元
